姚茂敦——著 汪智昊——绘

電子工業出版社
Publishing House of Electronics Industry
北京·BEIJING

人物介绍

钱小蛋

“钱小蛋理财记”系列书主角，7岁，读小学一年级，调皮捣蛋、好玩、爱动脑筋，喜欢以理财小能手自居。与钱菲菲、马大壮、高博文、许思红同班，几个好朋友住在同一个小区。

钱爸爸

投资公司分析师，知识渊博，善于用生动有趣的故事和通俗的语言，讲解深奥的经济学常识，特别是投资理财知识。

钱妈妈

购物达人，公司行政人员，熟悉各种购物省钱技巧。

钱菲菲

钱小蛋的双胞胎妹妹，喜欢给人取外号，对新词汇、新知识都感兴趣，爱“打破砂锅问到底”。

糊涂舅舅

钱小蛋和钱菲菲的舅舅，做事马虎，爱吹牛，经常犯糊涂，钱菲菲送他一个外号：糊涂舅舅。

毛老师

梧桐树小学一年级 2 班的班主任，善于搞活课堂气氛，鼓励孩子们观察社会现象、增强动手能力、树立正确的金钱观。

马大壮

钱小蛋和钱菲菲的同班同学，钱小蛋的好哥们，勇敢、点子多。

高博文

钱小蛋和钱菲菲的同班同学，胆子小、做事谨慎、成绩好，典型的乖学生。钱菲菲送他一个外号：高博士。

许思红

钱小蛋和钱菲菲的同班同学，和钱菲菲的关系好，表现欲强，爱显摆，经常有各种奇思妙想。

目录

钱小蛋成为省钱小帮手

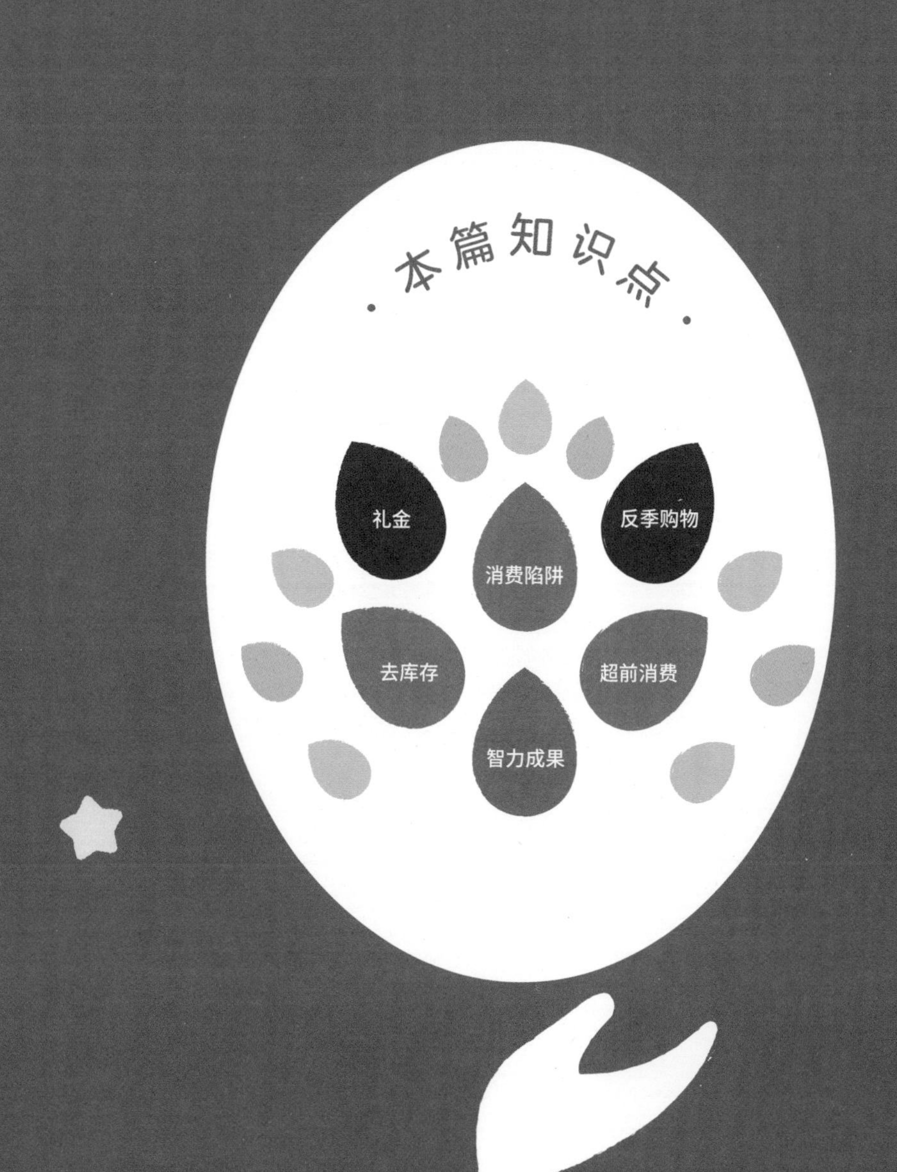

卧室里，钱妈妈在收拾衣服，她一边整理一边说："天气开始冷了，该给大家添置过冬的衣服了。"

坐在床上看书的钱爸爸搭话说："是啊，不过，最近投资没赚到钱，手里没多少钱，给你和小蛋、菲菲买就好，我就不用买了，之前的衣服还可以穿……"

卧室的门没关，听说要买新衣服，钱小蛋和钱菲菲不知何时溜了进来。

见两个小家伙进来，妈妈微笑着说："你们来得正好，正和你爸商量买什么衣服过冬呢，都喜欢什么衣服啊？"

"我最喜欢羽绒服了。在下雪时，穿着羽绒服打雪仗都不会冷。"钱小蛋开心地说。

钱菲菲想了想，说："我想要一件新棉衣，看起来很薄但很暖和的那种。"

"羽绒服很贵呢。"钱妈妈停下手里的活，喃喃地说，"下周，要参加一个喜宴，礼金需要600元，这个月的家庭开支已经严重超出预算了。"

"没事，没事，我来想办法。"钱爸爸用眼神示意钱妈妈不要继续说了。

"爸爸，什么是礼金？为什么一定要送礼金呢？"钱菲菲很好奇。

爸爸放下手里的书，解释说："礼金，是人们对亲朋好友表示敬意或庆贺所馈赠的现金。我国是一个礼仪之邦，讲究礼尚往来，人们遇到结婚等情况，都有办酒席的习俗，目的是分享快乐，或表达对亲朋好友、左邻右舍的感激之情，被邀请的人就会送礼金。"

"那为什么要送600元呢？100元不可以

吗？”钱小蛋抛出一连串的问题。

“小蛋的问题涉及送礼的礼仪。”爸爸进一步说，“送礼的礼仪有很多讲究，包含个人与个人之间的礼仪、国家与国家之间的礼仪等，送多少礼金要看与对方的关系的亲密程度。比如，下周要送600元礼金，是因为爸爸同事的儿子结婚。”

钱小蛋点点头，拉着菲菲走出了爸爸妈妈的卧室。

回到客厅，钱小蛋凑近钱菲菲，悄悄地说：“菲菲，妈妈是不是有点不开心？”

“嗯，我也发现了。妈妈想给我们买衣服，又要参加喜宴，家里现在没多少钱，大人真是不容易啊！”钱菲菲感叹道，“我可不想长大，想起来就烦！”

“要不我们想想办法，帮妈妈省点钱？”钱小蛋的脑海里突然冒出一个大胆的想法。

钱菲菲惊呆了，伸手摸摸钱小蛋的脑门：“小蛋，你没发烧吧？我们只是小孩子呢，能有什么办法？”

“开动脑筋想啊。”钱小蛋把钱菲菲的手移开，“我可是理财高手呢。再说了，不是还有你这个智多星嘛。”

钱菲菲被钱小蛋一夸，信心倍增，急切地问：“莫非你有办法了？”

“暂时没有。”钱小蛋懊恼地说。

钱菲菲失望地低下头：“看来，我的棉衣买不了咯。”

大约五分钟后，钱小蛋猛地抬起头来，兴奋地说：

"我有办法了。"

说完，钱小蛋一溜烟回到爸爸妈妈的卧室。

看着钱小蛋自信满满的样子，钱菲菲跟了进来。

"妈妈，我有一个买衣服省钱的办法。"钱小蛋兴冲冲地说。

妈妈简直不敢相信自己的耳朵，不过还是鼓励说："好啊，说说看。"

爸爸也愣愣地看着钱小蛋。

"之前，妈妈说过大棚蔬菜可以反季上市。我就想，买衣服是不是也可以利用反季进行购买。"钱小蛋接着说，"比如，我们在冬天买夏天的衣服，夏天买冬天的衣服，这样的话，价格肯定不同。"

"是啊，我咋没想到这点呢。"妈妈拍了拍脑门，"小蛋这个办法确实可以省不少钱呢。"

爸爸哈哈笑了起来，"小蛋是利用了反季购物的原理。"

"什么是反季购物？"钱菲菲睁大眼睛问。

"反季购物是指消费者利用时间差，购买反季打折的促销商品。反季购物是为了省钱，其实商品的质量并没有问题。"爸爸举例说，"商场在夏天卖裙子、衬衣等新品时，价格都很贵；到了秋天和冬天，为了去库存，会对夏天没卖完的裙子、衬衣进行打折甩卖，价格就便宜多了。比如，夏天一条裙子可以卖 400 元，到了秋天、冬天，可能只卖 200 元，商家只要不亏或少亏就会将它们卖掉。"

"去库存？这是什么意思？"钱菲菲对新词汇一向很感兴趣。

"去库存就是将仓库里堆积的商品变成现金，以节约成本、盘活资金。"爸爸解释说，"比如，一个老板在夏天批发了 500 条裙子来卖，到

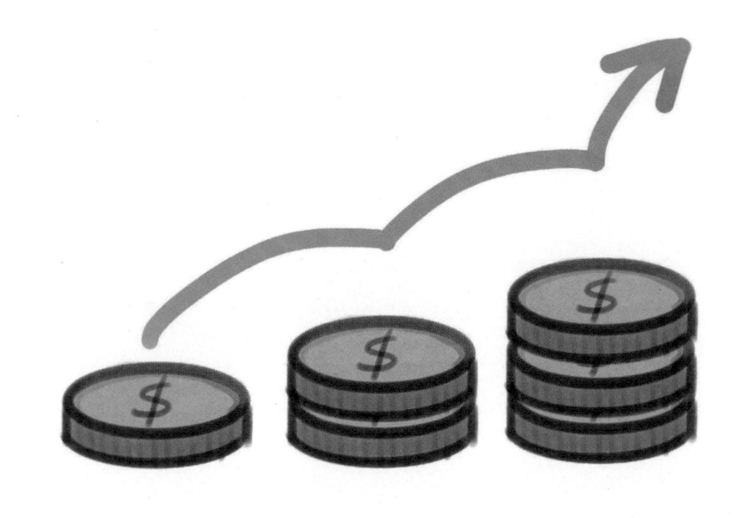

了冬天还剩 80 条，这 80 条就是库存，库存商品不仅占用地方，还占用资金，所以必须想办法把它们卖出去。”

“为了尽快把库存商品卖出去，老板会不会使坏呢？”钱菲菲追问。

“对。老板为了尽快去库存，会想尽一切办法，甚至会采取以次充好，先涨价、后降价等手段，所以，一定要擦亮眼睛，不要误入消费陷阱。”爸爸解释说，“消费陷阱是指商家通过一些隐形手段向消费者出售或变相出售消费者并不需要的商品，甚至导致消费者的利益受到损害的现象。”

钱菲菲点点头，又提出一个新问题：“爸爸，经常听到有人说超前消费，超前消费是什么意思呢？”

“超前消费是指目前的收入水平不足以购买现在所需的产品或服务，通过预支的方式进行提前消费。比如，你的储钱罐里只有 50 元钱，而你想买 80 元的玩具，钱不够，就向小蛋借了 30 元，你存满 30 元后再还他，这就是超前消费。”

见菲菲一直在追问，钱小蛋急了："菲菲，暂停一下。我要说我的省钱建议了。"

钱菲菲白了钱小蛋一眼。

"我和菲菲长得快，现在可以买稍大一点尺码的夏季衣服，明年可以穿。而妈妈和爸爸可以按照现在的尺码买夏季的衣服。"钱小蛋说，"今年我不买羽绒服了，我不能为了自己而让爸爸穿旧衣服。"

"小蛋真是懂事了！你的办法很好。这样吧，爸爸和妈妈买夏天的衣服，明年穿。"爸爸说，"为了奖励小蛋的智力成果，你们的羽绒服和棉衣按计划购买。"

"谢谢爸爸，智力成果是什么啊？"钱小蛋有点蒙。

"智力成果是指人们通过智力劳动创造的精神财富或精神产品。小到一个好的点子，大到发明创造，都可以称为智力成果。"爸爸解释说。

按照钱小蛋的省钱妙招，最后爸爸买了一件 T 恤，妈妈买了一条连衣裙，钱小蛋买了一件羽绒服，钱菲菲买了一件棉衣，共花费 760 元，比在正常季节购买节省了 300 元左右。

钱菲菲被狗狗吓傻了

星期一放学后，钱菲菲和钱小蛋一前一后往家走，刚进小区大门，一只面目狰狞的狗狗突然窜了出来。

面对惊险的一幕，一直很怕狗的钱菲菲顿时被吓傻了，好几秒钟才回过神来，赶紧拼命大喊：“救命啊！救命啊！走开，坏狗狗！”与此同时，她条件反射般地向后闪躲。紧跟在后面的钱小蛋，来不及躲开，被钱菲菲当场撞倒在地。

保安叔叔听到呼救声，一个箭步从门卫室冲了出来，厉声质问：“这是谁家的狗？为什么不拴绳子？吓着小朋友啦！”但他环视四周，并没有看到狗的主人。

狗狗受到钱菲菲的惊吓，快速跑出了小区。钱菲菲惊魂未定，一屁股坐在地上，旁边的书包裂开了一个大口子，书和作业本散落一地。

幸运的是，钱菲菲只是小腿擦破了点皮，并无大碍。钱小蛋没有受伤。

保安叔叔把两人扶起来，帮忙把书包收拾好，然后将他们安全送回了家。

钱妈妈用酒精给钱菲菲擦伤的地方消毒后，又认真检查了钱菲菲的身体，确保没有其他问题之后才放心。

钱爸爸也从小区保安部回来了。保安说始终没有找到狗狗的主人，可能是一只流浪狗。接下来，保安部将严加防范，防止流浪狗进入小区。

“真是吓死我了！”钱菲菲抱怨道，“幸好没被流浪狗咬到。”

“胆小鬼。”钱小蛋说，“狗狗没多大嘛，倒是你的叫喊声把我吓着了。”

“你讨厌，应该让你走前面，哼！”钱菲菲要打钱小蛋，钱小蛋敏捷地跑开了。

“妈妈，我的书包破了，能帮我补下吗？”钱菲菲看着已经破裂的书包，心情更加郁闷。

妈妈拿起书包看了看，说：“这个书包背了一段时间了，补了也用不了多久，重新买一个吧。”

“可是我的零花钱不够呢。”钱菲菲实在不想用本来就不多的零花钱来买新书包。

爸爸摸摸菲菲的头，笑呵呵地说：“对学生来说，书包是刚性需求，爸爸给你买，放心吧。”

“谢谢爸爸。什么是刚性需求啊？”虽然心情不好，但是钱菲菲学习新知识的劲头还是很足。

“刚性需求是指在商品供求关系中受价格影响较小的需求，或者说，这个产品无论其价格涨跌，对某些人来说都必须要买。如牙刷、牙膏、食品等生活必需品。”爸爸说，“与刚性需求相反，还有一种需求叫弹性需求，弹性需求是指当产品或服务的价格变动时，市场对产品或服务的需求也发生明显变动。比如，金银首饰等奢侈品的价格如果太高，人们可以选择不买，完全不影响日常生活。”

“前几天我看到一个楼盘外墙上写着一句话，叫‘刚需族的首选’，刚需族又是什么意思呢？”钱菲菲追问。

爸爸笑了笑，说：“刚需族是指有刚性需求的群体。买房的刚需族包括结婚需要买房的人等。”

“你们说完了吗？今天做饭有点晚了，菲菲明天上学要用新书包，我们现在出去吃晚饭吧，然后顺便去附近的超市买个新书包，怎么样？”钱妈妈提议。

“好哦，又可以吃好东西咯！”钱小蛋开心得不得了。

一家人吃过晚饭，买好新书包，一边散步一边往家走。

令人奇怪的是，下楼前还在正常运行的电梯竟然停运了。

钱小蛋眼尖，发现电梯旁边贴了一张临时通知，上面写着：“因配件损坏，电梯暂时停运，维修部门正在抢修。给您带来不便，敬请谅解。”落款是物业公司和时间。

“我们爬楼梯吧，就当锻炼身体了。”钱爸爸说，“谁当第一个？”

“我……我！”钱小蛋和钱菲菲争着往上爬。

没几分钟，全家人都爬上了 8 楼，钱妈妈掏出钥匙开门。

“爸爸，电梯多久能修好啊？”钱小蛋喘着粗气问。

“这个说不准了。在你们还没出生时，电梯也坏过一次。当时，物业公司说要大修，经过业主委员会同意后，动用了维修基金，半个月才修好呢。”爸爸说，“希望这次不是什么大问题，这样的话，就可以很快修好了。”

钱菲菲一脸茫然，歪着头问：“物业公司和业主委员会都是干什么的啊？”

“你的问题真多啊。物业公司是按照法定程序成立并具有相应资质，经营物业管理业务的企业。物业公司的作用是，接受业主的委托，依照相关法律法规或合同的约定，对特定区域内的物业实行专业化管理并获得相应报酬。”爸爸解释说，“业主委员会由业主选举出的业主代表组成，通过执行业主大会的决定，代表业主的利益，向相关方面反映业主意愿和要求，监督和协助物业公司履行物业服务合同。我们小区就有业主委员会呢。”

“那维修基金是干什么用的呢？”钱小蛋终于抓到了一个问题。

“别急，我先喝口水。”爸爸拿起茶杯，呡了一口，“维修基金，又称为公共维修资金，是指全体业主为了物业区域内公共部位和共用设施、设备的维修养护事项而向专项账户缴纳的款项，并授权业主委员会统一管理和使用的基金。就像这次电梯坏了，如果问题比较严重，就需要动用维修基金，懂了吗？”

“嗯，今天虽然很倒霉，但是学到了不少新知识，还不算太差。”钱菲菲开心地说。

“汪，汪汪！”钱小蛋突然把脑袋靠近钱菲菲，一边学狗叫一边做着狗吐舌头的滑稽样子。

这一次钱菲菲没有被吓到，嬉笑着追着钱小蛋满屋子跑，所有的烦恼很快被丢到九霄云外了。

钱爸爸的新领导是“海龟”

星期四，钱爸爸下班回家，一进家门，往常乐呵呵的模样不见了，取而代之的是他一副忧心忡忡的样子。

“你今天这是怎么了？”钱妈妈关心地问，“很少看到你这样呢。”

“公司来了个新领导，是个‘海龟’，还是一个外国名校的博士。”钱爸爸不无忧虑地说，“真是新官上任三把火，他一来，不但各种考核要求提高了，考勤也严格了很多。比如，之前迟到 5 分钟属于允许的情况，按照新规定，要罚款 100 元；迟到 5 分钟到 10 分钟，要罚款 200 元；迟到半小时及以上，算旷工一天。这下惨了！”

“你只能辛苦一点，再早一点起床和出门了。要不然，你的工资要被扣掉不少呢。”钱妈妈提醒道。

听到爸爸和妈妈的对话，正在玩游戏的钱小蛋和钱菲菲停了下来。

钱菲菲对爸爸口中的新词汇一向很感兴趣，也喜欢‘打破砂锅问到底’。不过，看到爸爸今天的心情不太好，她决定不再提问了。

钱小蛋倒是没想那么多，抢着问：“爸爸，你说的‘海龟’和博士都是什么啊？”

“‘海龟’是‘海归’的谐音，指的是从海外留学归来，回国工作或创业的人。其实，还有一个比较有趣的词，叫‘海带’，指的是那些出国学习，回国后暂时没找到工作，处于待业状态的人。”虽然心情不佳，但看到钱小蛋认真好学的态度，爸爸还是耐心回答，“至于博士，是指一个人达到一定的学术研究水平，获得教育主管部门或学校承认的一种学位，博士学位属于最高级别的学位。”

“那么厉害，博士是不是很难考？”钱小蛋继续问。

“只要勤奋努力，就有希望。”爸爸鼓励说，“说到博士，不得不说一下学位。简单来说，学位是一个人学历高低的标志，也就是一个人通过学习，取得学识及相应学习能力程度的标志，由国家授权的高等学校颁发。按照相关规定，我国实施的是三级学位制度，分为学士、硕士、博士三个等级。”

钱菲菲把钱小蛋拉到一边，将手卷成喇叭状，附在他的耳边轻声说：“爸爸烦着呢，今天不要再提问了。知道吗？”

钱小蛋点了点头。

第二天晚上，钱爸爸垂头丧气地回到家。原来，尽管他比平时提前了 10 分钟出门，但不幸的事情是，公交车在半路坏了，等他挤上下一趟车到单位时，已经迟到了 7 分钟，当场被“海龟”领导逮个正着，钱爸爸只得上缴 200 元罚款。

“真是倒霉啊！”钱爸爸懊恼不已，“200 元足够我们吃一顿火锅了。”

“今天只是运气不好，刚好碰到公交车出故障，没事。”钱妈妈安慰说。

钱菲菲走过来，抱着爸爸的手臂，说：“爸爸，告诉你个好消息吧。”

“是吗？什么好消息啊，快说说，让爸爸高兴高兴。”满脸愁云的钱爸爸对钱菲菲的话充满期待。

"我来说，今天的数学测试，我和菲菲都考了100分。"钱小蛋自豪不已。

"你们太棒了！妈妈马上给你们做好吃的去。"钱妈妈兴奋地表扬道，然后走进厨房忙碌起来。

爸爸把两个小家伙搂在怀里，开心地说："真是爸爸的乖宝贝。不过，爸爸要提醒你们，不许骄傲哦！还有，千万不要把考100分当成学习过程的唯一的目标，看到你们快乐成长，爸爸就很开心了。"

"那要是我下次只考了50分，你会不会打我啊？"钱小蛋歪着头问。

爸爸被逗笑了，立即保证说："绝对不会打你。学习是一辈子的事情，当然不能以一两次的成绩论英雄。"

"爸爸，你刚才说缴了200元罚款，罚款是什么意思呢？"钱菲菲问。

"罚款是指行政机关强制违法者缴纳一定数量的钱或者合同违约的一方向另一方缴纳一定数量的钱。"钱爸爸解释说，"比如公安局、税务局等行政机关，可以对违法的人处以罚款。"

钱菲菲摸了摸脑袋，不解地问："那你们公司可以随便罚款吗？"

"当然不能。严格来说，罚款是行政处罚的种类之一，只能由行使国家行政权力的行政管理机关或者法律授权行使行政权力的机构来实施。所以，公司并没有罚款的权力。"爸爸说，"但这并不表示公司就不能处罚犯错的员工。比如，可以把罚款方式变成扣工资方式，只要扣罚工资的幅度没有超过法律规定，就没有问题。"

"明白了，相当于公司是换一种方式处罚你。"钱菲菲似懂非懂。

“嗯，可以这么说。因为，不管是什么原因导致迟到，爸爸已经违反了公司的规章制度，受到处罚是应该的。”钱爸爸进一步说，“所以，你们从小应该养成良好的习惯，做一个遵纪守法的人。”

“什么叫遵纪守法呢？”钱小蛋问。

“遵纪守法是指每个人都要遵守法律和纪律，尤其要遵守职业纪律和与职业活动相关的法律法规。有句话说得好，叫‘法律面前，人人平等’。”爸爸说。

“意思是一个人再有钱，当再大的领导，都必须遵守法律，是吗？”钱小蛋继续追问。

“是的，法律适用于所有人，记住了。”爸爸提醒道，“吃饭去吧。”

“懂了。谢谢爸爸！”钱菲菲和钱小蛋从爸爸的怀里起来，钻进厨房帮忙准备碗筷。

钱妈妈的公益计划

星期天上午，应同事周阿姨的热情邀请，钱妈妈带着钱小蛋和钱菲菲去周阿姨家玩。

周阿姨家有一个 5 岁的小男孩，小名叫兵兵，还在幼儿园读大班。兵兵虽然只比钱小蛋和钱菲菲小两岁，但要说调皮捣蛋的厉害程度，钱小蛋加上钱菲菲都不是对手。这不，在他妈妈招呼钱妈妈 3 个人的一会儿工夫，兵兵已经爬上了阳台的栏杆。

幸好兵兵家住一楼，要不然实在太危险了。

玩着玩着，钱小蛋发现墙上挂满了照片。照片中有一张是周阿姨和很多农村小朋友的合影，合影里面的学校和操场的条件比自己所在的学校差太多了。他不禁纳闷，莫非周阿姨是老师？

“阿姨，你是老师吗？”钱小蛋忍不住问，“为什么和不同的小朋友一起照相呢？”

“阿姨不是老师，是公益助学活动的发起人。”周阿姨笑着说，“因为我们要去很多地方捐资助学，所以和孩子们拍了很多照片。”

“什么是公益助学呢？”钱小蛋追问。

周阿姨把到处乱跑的兵兵抱在怀里，解释说：“公益助学是指不以赚钱为目的，通过联合政府部门、企业、民间组织及有爱心的个人，以捐款捐物、改善教学环境、助学支教等多种形式，帮助贫困地区的学生获得良好的教育机会。简单来说，就是我会组织热心公益的机构或个人，把大家捐出来的钱和物，送到贫困山区，让那里的小朋友和你们一样，能够快乐学习、健康成长！”

“不是所有小朋友都和我们一样，可以上学吗？”钱菲菲有些不解。

“并不是呢，我们国家幅员辽阔，部分偏远山区，经济还相对落后，还有一些小朋友暂时没法像你们这样，在漂亮的学校学习。所以，需要我们帮助他们。”周阿姨说，“幸运的是，我们国家大力推行了 30 多年的希望工程，情况已经得到很大的改变。希望工程已经帮助无数小朋友回到学校学习。”

“希望工程？这又是什么？”钱小蛋问。

“简单来说，希望工程是由中国青少年发展基金会等机构，于 1989 年发起，以资助贫困地区失学少年儿童为目的的一项公益

事业。目的是建设希望小学，资助贫困地区的失学儿童重返校园，改善农村办学条件。”周阿姨详细介绍说。

“谢谢阿姨。”钱小蛋和钱菲菲礼貌地表示了谢意，然后拉着兵兵玩去了。

在回家路上，钱妈妈说：“小蛋，菲菲，周阿姨说了，极个别偏远山区的小朋友目前没有条件正常上学，妈妈也会和周阿姨一起，为那些有需要的小朋友做点好事，你们愿意加入吗？”

“这个主意太棒了，我第一个支持。”钱菲菲态度坚决。

“我也加入，可是，我们该怎么做呢？”钱小蛋摸摸脑袋，对如何做公益感觉有点犯难。此外，他对于周阿姨说的希望小学还没搞懂，当时又不好意思继续问下去。

钱小蛋决定从妈妈这里寻找答案：“妈妈，希望小学是什么啊？”

“希望小学是一种公益活动，是由企业或

个人，通过援助资金、物资等方式，帮助经济相对落后的地方建校办学，或资助贫困学生，为当地带去希望与梦想。”妈妈说，“至于说怎么做的问题，就属于公益活动的方式了，我们得好好规划一下。”

钱小蛋完全被周阿姨和妈妈说的一些新鲜词汇搞蒙了。他问：“公益活动和公益助学是一个意思吗？”

“这两件事情既有关系又有区别。公益活动是指组织或个人向社会‘捐赠’财物、时间、精力和知识等活动。内容包括打扫街道、为社区服务、到敬老院给老人讲故事，等等。公益活动涉及的范围比公益助学要大得多。”

“那我给在街上乞讨的人一元钱，算是公益活动吗？”钱小蛋突然想起自己曾经做过的好事。

妈妈大笑起来，夸奖说：“当然算。”

“妈妈，说说还有那些做公益的方式呢？”钱菲菲有些迫不及待了。

“其实公益不分大小，哪怕捐出一元钱也是爱心。小朋友做公益的方式主要有：捐零花钱、捐衣服、捐学习用品，等等。这些方式也叫微公益，意思是从微不足道的公益事情着手，积少成多，就算我们不是有钱人，但并不影响我们从事公益事业，一旦把所有微不足道的爱心汇集起来，就能形成一股强大的力量。”妈妈引导说。

“好啊，那我捐 20 元。”钱菲菲说。

“我捐 25 元。对了，妈妈，我还有一些衣服只穿过几次，可以捐给小朋友吗？”钱小蛋大方地说。

“可以啊。妈妈会给你们全部登记好，然后再

把钱和衣服转交给需要的小朋友。”妈妈提醒说，“不过，你们要记住，做好事，一两次不难，难的是一辈子。所以，你们要做好长期的心理准备。”

“知道了，妈妈。”钱菲菲和钱小蛋齐声回答。

一个月后的一天，钱小蛋和钱菲菲刚刚放学回家，妈妈就高兴地宣布，收到山区小朋友的感谢信了。

“妈妈，什么是感谢信？”钱菲菲问。

“感谢信是一种礼仪文书，是某个机构或个人，对关心、帮助、支持本机构或个人表示感谢的函件。”妈妈解释说。

“是这样啊，赶快打开看看。”钱小蛋显得很兴奋。

“好，我来念一念内容。”妈妈小心翼翼地打开一封信，抽出一张洁白的信纸。

“亲爱的钱菲菲、钱小蛋，你们好！我是 ×× 省 ×× 市 ×× 乡麻石小学的张大虎，感谢你们的好心捐助，我一定不会辜负你们的希望，努力学习，长大后，和你们一起报效国家。受捐人：张大虎。”妈妈读完信，眼睛湿润了。

糊涂舅舅要买新房子

已经有一段时间没看到糊涂舅舅了，钱小蛋和钱菲菲有点想他。问了妈妈，才知道舅舅升职后，收入增加，最近忙着到处看房，准备买一套新房子。

钱小蛋和钱菲菲商量后，决定趁着周末不上学，去找舅舅玩。

钱妈妈把电话打通后，钱小蛋拿过电话，满怀期待地问："舅舅，今天我和菲菲想来找你玩，可以吗？"

"今天啊？舅舅打算去看房子呢。"糊涂舅舅在电话里思考了一会，"这样吧，房子我明天再看，今天陪你们。你们在家等着，我开车来接你们。"

"耶，可以玩咯！"钱小蛋和钱菲菲发出欢呼声。

不到半小时，舅舅的车就到楼下了。钱妈妈把

两个小家伙送上车，叮嘱一番后，就上楼忙自己的事情去了，而钱爸爸要到公司加班。

“舅舅，你为什么要买房子呢？现在不是有个家吗？”钱菲菲问。

糊涂舅舅笑了起来，说：“舅舅现在住的房子，是租的。我打算买一套属于自己的房子，这样的话，就可以拥有自己的个人资产了。”

“个人资产是什么？”钱菲菲问。

“个人资产是指人们通过劳动或其他合法手段取得的财产，包括汽车、房屋、银行存款，等等。比如，舅舅现在开的车，就是我的个人资产。”舅舅解释说。

钱小蛋对于买房和租房的问题比较好奇，于是问：“舅舅，买房和租房有什么区别吗？”

“区别很大呢，我们先来说说什么叫买房，什么叫租房。”舅舅一边开车一边简明扼要地解释说，“买房是指一个人向房地产开发商或者其他房屋开发机构购买商品房，或者向业主购买二手房的行为。而租房是指一个或多个人为了满足居住或办公需要，租用单间或整套房间的行为。至于区别嘛，最根本的一点是房子的产权。买的房子，你是‘主人’；而租的房子，你只是租客，房子并不属于你。”

“原来是这样啊！那还是买房好。”钱小蛋点点头。

“我们到了。等舅舅把车停好，然后带你们去附近的游乐场玩，怎么样？”糊涂舅舅招呼钱小蛋和钱菲菲下车。

舅舅带着两个小家伙先后玩了碰碰车、小火车、海盗船、旋转木马。

胆子比较大的钱小蛋觉得这些项目不够刺激，他吵着要去鬼屋。不过，钱菲菲很害怕，不敢进鬼屋，而糊涂舅舅又不能丢下她一个人在外面不管。

没玩成鬼屋，钱小蛋有点不开心，嘟囔着嘴，一个小时都不说话，直到舅舅答应他，下次单独陪他来玩，他的脸上才露出笑容。

12 点半左右，精疲力尽的钱菲菲开始觉得肚子呱呱叫。糊涂舅舅带着他们来到游乐场里的一家餐厅吃饭。

吃饭时，钱菲菲想起上午舅舅说到一个新词汇，爱问问题的毛病又犯了："舅舅，你上午说的房屋产权是什么啊，给我说说呗。"

"嗯，没问题。房屋产权是指房屋的所有者按照国家法律规定所享有的各种权利，也就是说，房屋所有者有该房屋财产的占有、使用、收益和处分的权利。房屋产权由房屋所有权和土地使用权两部分组成，房屋所有权的期限为永久，而土地使用权根据有关法规为 40 年、50 年或 70 年不等。"舅舅解释说，"就是说，我买了新房子，有了房屋的产权后，无论是自己住、租给别人，还是卖掉，由我自己决定。"

钱小蛋一边啃着鸡腿一边羡慕地说："舅舅，买房子不是要很多钱吗？你真有钱，再请我喝杯饮料嘛。"

糊涂舅舅哈哈大笑："想喝什么饮料都可以。不过，舅舅不是有钱人啊，我采用的方式是按揭买房。"

"按揭买房？"钱小蛋满脸疑惑。

"按揭买房是一种用所购房屋作为抵押而获得贷款的买房方式。简单来说，是申请人以购房为目的，向银行申请贷款来支付房款，然后再将贷款按一定年限分期还给银行，同时银行收取利息的信贷行为。”糊涂舅舅说，“比如，我先向银行借钱，支付部分购房款，然后把我买的房屋作为抵押，银行就可以放心地把钱借给我，我再慢慢还清房贷。这种方式相当于花明天的钱、圆今天的梦，懂了吗？”

“嗯，懂了。”钱小蛋点了点头。

“那为什么我们家的房屋不是用贷款买的呢？和舅舅的按揭买房有什么区别？”钱菲菲抛出两个问题。

糊涂舅舅显得有点尴尬，他红着脸说：“舅舅没钱，所以只能按揭买房啊。你爸爸和妈妈比我有钱，自然可以全款买房了。所谓全款买房，就是在购买房屋时一次性付清所有款项。说到这两种方式的区别，还是蛮多的，比如，全款买房可以免除很多手续费、银行利息等相关费用，享受到开发商的优惠政策多、优惠力度大，今后房屋出售也比较方便；而按揭买房的方式不需要一次性支出大笔资金，可以一边偿还贷款一边把节约下来的钱用于其他事情，其弊端是需要支付不少手续费和银行利息。

钱菲菲想了下，说：“也就是说，这两种方式都有好处和坏处，是吗？”

“是的，所以具体选择哪种方式更好，购房人得根据自身的经济情况和需求来决定。”糊涂舅舅提醒道，“好了，我们继续玩其他游乐项目去。”

“好哦。”钱小蛋第一个冲了出去。

一个月后，糊涂舅舅给钱妈妈打来电话说，已经用按揭买房的方式，买了一套二居室的新房了。全家人都为舅舅感到高兴。

毛老师的积分卡

毛老师最近很烦恼，因为以钱小蛋和马大壮为代表的几个男同学，把班上的气氛搞得“鸡飞狗跳”。

一天晚上，毛老师在下班路上，恰好碰到许思红的妈妈从一家健身房出来。

“毛老师，好久不见了，才下班吗？”许思红妈妈问。

“是的呢。”毛老师回答道，“对了，许思红妈妈，你是每天都来健身房吗？”

许思红妈妈说：“没有。我是一个商场的老顾客，我的积分达到一定要求后，商场赠送了我一张合作单位的健身卡，所以每周来锻炼一次。”她说完，关心地问：“毛老师，见你心情不大好，是不是睡眠不好啊，要不我给你介绍一位老中医给你调理一下吧。”

“那倒不用，谢谢啊！”毛老师表示感谢，然后把比较听话的许思红表扬了一番。

“谢谢毛老师。”许思红妈妈表示了感谢，然后各自回家了。

星期五上午的第二节课是班会时间。本次班会的主题是：学会做一个自我管理的好学生！

“同学们，今天的班会形式，与之前的都不同，老师要宣布一个新计划，想不想听啊？”班主任毛老师问。

“想听！”全班同学异口同声。

“好。为了让大家自觉遵守班规，学会自我约束，做一个好学生，我们班将对所有同学实行积分制管理。”毛老师说。

“哇！听起来很有意思。”

“真好玩！”

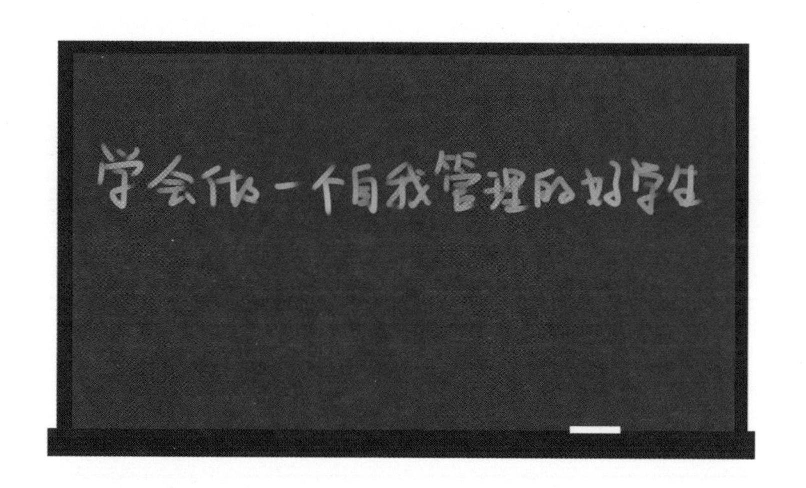

“莫非像足球队一样？”

…………

第一次听说积分制管理这个新词汇，部分同学叽叽喳喳讨论开了。

“老师，什么是积分制管理？”马大壮举手提问。

毛老师用黑板擦敲了敲黑板，课堂很快安静下来，然后解释说：“积分制管理，就是用积分来反映和考核团队每个人的综合表现，然后根据积分高低对每个人进行奖励或处罚。积分包括奖励分和扣罚分，也就是说，到底是获得奖励分还是扣罚分，就要看每个人的具体表现了。”

“老师，哪些行为会分别获得奖励分和扣罚分呢？”一位女同学站起来提问。

“嗯，现在我宣布具体规则。积分按月计算，奖励分一次给 20 分，下列几种行为可以获得，包括：上课认真听讲，不搞小动作，积极回答问题；作业本整洁，书写工整，正确率 90% 以上；不乱打小报告，热情帮助同学等。”毛老师清了清嗓子，拿出一张打印好的文件，大声念道，“扣罚分一次扣掉 10 分，包括下列行为：迟到早退；上课不认真，随意插嘴；作业完成不及时、不认真，错误率超过 10%；欺负同学等。”

钱菲菲站了起来，举手问：“老师，积分有什么作用呢？”

“钱菲菲同学问得好。接下来，老师要说说积分的作用。”毛老师示意钱菲菲坐下，继续说，“谁一个月的积分保持在100分，到了月底，老师会奖励谁一个神秘礼物；谁一个月的积分低于60分，到了月底，谁就要被惩罚打扫教室。大家有没有信心拿到礼物？”

“有！”大家信心百倍。

这时，最爱睡懒觉的钱小蛋站了起来，红着脸问：“老师，我早上起不来，如果迟到几次，那么我的积分是不是要被扣完啊？”

全班同学哄堂大笑。

“大家注意，要想不被扣分，就必须进行自我管理。”毛老师说，“自我管理是指一个人对自己的目标、思想、心理和行为进行主动管理，进行自我约束和控制，而不是放任自流。在历史上，任何有所成就的人都是自我管理能力很强的人。你们要想变得优秀，必须从现在开始养成自我管理的良好习惯，明白吗？”

“明白了！”同学们齐声回答。

“下周一是月初，积分制度开始正式执行。”毛老师说完，宣布下课。

放学回到家，钱小蛋越想越生气，抓着沙发靠背朝沙发撒气。

爸爸下班开门进来，看着钱小蛋的样子，好奇地问：“小蛋，谁又惹你不高兴了？”

钱小蛋默不作声。钱菲菲把毛老师在班会上宣布的新政策说了一遍。

爸爸哈哈大笑：“原来是为了这个事情？不过，我支持毛老师的做法。”

“为什么啊？这样我每天得提前 10 分钟起床呢，要是迟到被扣分而积分低于 60 分，要被罚打扫教室呢。”钱小蛋很不解，爸爸可是一向支持自己的。

“这个制度正好可以解决你爱赖床的毛病。”爸爸解释说，“管理在很多地方都会被用到，有句名言叫‘管理出效益’呢。”

“什么是管理啊？”钱菲菲问。

钱小蛋也问：“管理出效益又是啥意思？”

“别急，爸爸一个一个给你们说说。‘管理’一词历史悠久，对于管理的定义，还没有完全统一的表述，但大多数人认为，管理是指组织中的管

理者，通过实施计划、组织、领导、协调及控制等步骤，来协调他人的活动，从而使得组织内的所有成员实现既定目标的活动过程。管理是人类各种组织活动中最普通和最重要的一种活动。”爸爸耐心地讲解，“管理出效益，意思是把一个单位的人、财、物三方面科学合理地结合、组织、调动起来，以尽可能少的支出为企业创造最大的经济效益。”

“可我们是学校，不是公司，为什么要这样管理呢？”钱小蛋还是不明白。

“管理的门类有很多，好处也有很多。”爸爸决定多讲一些知识，“比如，人们可以对时间进行管理，对财富进行管理，等等。”

“原来这里面有那么多学问啊！”钱菲菲发出感叹。

钱小蛋也被吸引住了，央求爸爸继续讲下去。

“好，先讲时间管理。时间管理是指通过事先规划和运用一定的方法与工具，实现对时间的灵活及有效运用，从而实现个人或组织的既定目标的过程。比如，你们一天要睡觉、吃饭、上学、游玩，每个人的时间都是 24 小时，要想把每件事安排得很合理，就得对时间进行科学管理，否则，你会感觉一团糟。”爸爸继续说，“财富管理是指以客户为中心，设计出一套全面的财务规划，通过向客户提供现金、信用、保险及投资组合等一系列服务，将客户的资产、负债进行管理，以满足客户的财务需求，帮助客户达到降低风险，实现财富保值、增值和传承等目的。通常来说，财富可以分为个人财富、社会财富和国家财富，但无论是哪一种，都需要进行管理。”

钱小蛋摸了摸脑袋：“我明白了。毛老师是想让我们提前懂得管理自己，长大了就不会太放任自己了。”

爸爸点点头，露出满意的笑容。

马大壮砸碎了工厂玻璃

星期三中午，马大壮找到钱小蛋和高博文商量，计划放学后，去回家路上要路过的一座废弃工厂里玩，看看里面有什么秘密。

马大壮的提议得到了钱小蛋和高博文的同意，三人保证，不向钱菲菲和许思红泄露任何信息。

放学后，等其他同学都陆续回家了，三人来到这座工厂。工厂的大门已经锈迹斑斑，起码大半年没人管理了，只见大门上贴着一张告示：库房重地，严禁入内！

“我们还是走吧，里面会不会有野狗啊？”高博文有点害怕，两腿发软。

马大壮压低声音，讥笑说：“真是胆小鬼，要走你走，我们可要进去了。”

“高博文，有我们在，不用害怕。”钱小蛋鼓励说，钱小蛋发现在大门右下角有个小门的锁是松的，“这里可以进去。”

“进去！我第一个，博文第二个，小蛋在最后压阵。”马大壮俨然成了这支临时探险队的队长，开始发号施令。

三人先后钻进厂区。最先映入眼帘的是一大块空地，空地左右两边都是高大的库房，库房的几个窗户虽然结满了蜘蛛网，但玻璃都完好无损。

在右边库房的前面，有一棵高大的柚子树。

“上面好多柚子。”高博文眼尖，为这个发现感到兴奋不已。

“肯定很甜。可是树太高，上不去咋办？”钱小蛋有点恐高，一时不知道如何是好。

马大壮拍拍胸脯，以队长的口吻说：“这个好办，用石头砸。我们来比赛，每人砸 3 次，谁先把柚子砸下来，其他两个人请他吃冰激凌，怎么样？”

“同意。”听说有比赛，钱小蛋和高博文立即变得斗志高昂起来。

“你们先来，我是队长，我最后出手。”马大壮得意洋洋地说。

钱小蛋和高博文抡起膀子，拼命将石头向树上扔去，但连扔 3 次，离最近的柚子都还有不短的距离。

“该我了。”马大壮自信地扔出一块石头，只听到玻璃被砸碎坠地的声音。

“马大壮，你把窗户玻璃砸碎了。”钱小蛋惊叫一声。

“快跑！”马大壮回过神来，拔腿就跑。

从原路逃出工厂后，马大壮让钱小蛋和高博文发誓不会把事情说出去，两个小伙伴郑重保证之后，才分别回家。

第三天，也就是星期五放学后，马大壮决定和钱小蛋、高博文再去废弃工厂探探情况。

让他们感到吃惊的是，进入工厂的那扇小门好像被人开得更大了，而让他们更吃惊的是，之前马大壮只砸碎一块玻璃，现在已经有四五块玻璃破碎了。

三个小伙伴百思不得其解。

当晚回到家，钱小蛋决定向爸爸请教。

“爸爸，我们学校附近有个工厂，窗户玻璃之前好好的，其中一块玻璃被砸碎后，为什么其他玻璃很快也会被砸碎呢？”钱小蛋问。

“这种现象叫破窗理论，意思是一旦环境中的不良现象被放任存在，会诱使人们仿效甚至变本加厉。所以，一栋建筑的窗户破碎后，如果不很快被修好，将会引来更多的人打破更多的窗户。”钱爸爸说。

“为什么会出现这种情况呢？”钱小蛋被搞糊涂了。

钱爸爸摸摸钱小蛋的脑袋，说：“其实，并不复杂，这只是人们的从众心理在作怪。”

“从众心理是什么意思？”钱小蛋问。

“从众心理是指一个人在认识、判断、决策上表现出跟随多数人的一种行为方式和心理现象。比如，几个小伙伴出游，既可以坐汽车，也可以坐高铁，只要在其中有人最先决定选择一种交通工具后，其他人可能也会选择和第一个人一样的工具。”

钱小蛋想了想，说：“还真是这样呢，那不从众可以吗？”

“理论上当然可以，人都有自由选择的权利。”钱爸爸解释说，“但人在很多时候选择从众，是有原因的。从众原因主要有四点：一是在自己拿不定主意时，其他人的行为有参考价值；二是当自己与大多数人的选择不一致时，会感到恐惧；三是自己与群体成员保持一致的选择，更容易被群体成员接受；四是自己对群体有强烈的认同感。”

钱小蛋终于搞懂了自从马大壮砸碎玻璃后，为什么有更多的玻璃被砸碎了。不过，此时他还有一个疑问：“爸爸，为什么有的饭店吃饭的人宁愿排很长的队，而旁边的饭店却没人去吃饭呢？”

“这就是从众心理引起的另外一种现象，叫马太效应，意思是强者越强、弱者越弱，它反映的是一种两极分化现象。这种效应在经济、

心理等领域都存在。”钱爸爸说。

“那马太效应是不是永远不会被打破呢？”钱小蛋问。

“不是的。一旦效应达到某个临界点，就会物极必反，意思是当事物发展到极限，就会向相反方向转化。比如，爸爸买的某只股票，一直连续上涨，到了一定时间，就会掉头快速下跌，股

价不可能涨上天。”

“嗯，明白了。”钱小蛋点点头，心想，还得多谢马大壮啊，自己又学了不少新知识。

自从砸碎废弃工厂的玻璃后，马大壮一直担心有人找上门来进行索赔，他对于钱小蛋和高博文不把这件事说出去的保证，始终不放心。万一此事被爸爸知道了，自己肯定要被臭骂一顿。

“不行，我干脆变被动为主动，主动认错，大不了被臭骂一顿，再把自己的零花钱拿来买一块新的玻璃作为赔偿。”马大壮终于下定了决心。

星期五晚上，吃过晚饭之后，马大壮向爸爸坦白：“爸爸，我……我砸碎了学校附近那家废弃工厂的一块玻璃。”

“啊？什么情况？你怎么那么淘气……”马爸爸几乎不敢相信自己的耳朵，不过他很快镇定下来。

马大壮把情况从头到尾详细说了一遍。

“你能够主动认错，很好！但我一向奖惩分明。所以，责罚还是逃不过的。”马爸爸严肃地说。

“奖惩分明是什么意思？”马大壮问。

“奖惩分明，意思是该奖励的要奖励，该惩罚的要惩罚，一码归一码。比如，你主动认错、敢于承担，值得表扬；但砸碎玻璃，照罚不误。”马爸爸解释说。

“那我要赔多少钱啊？”马大壮后悔死了，真不该做什么探险队的队长，这下起码要损失好几十元钱呢。

第二天，马爸爸打通了工厂大门上留的联系电话，把 50 元玻璃赔偿款送了过去。

高博文的新烦恼

星期天晚上，高博文有点感冒，吃过药之后，早早就入睡了。

迷迷糊糊中，高博文听到爸爸和妈妈在卧室里争吵。高博文掀开被子，穿上拖鞋，轻轻打开房门，走到爸妈的卧室门口，把耳朵贴在门上。虽然两个大人尽量压低声音，但争吵声还是穿透房门，钻进高博文的耳朵里。

“绝对不能让博文知道，他的外公很有钱，更不能让他知道，我是公司老总。”妈妈语带威胁，“我不想让他知道家里有钱后，不再刻苦努力，变得好吃懒做。”

爸爸辩解说：“你想多了。博文是男孩子，有自己的主见，无论是好事还是坏事，他都应该勇敢面对。”

“但他还是个孩子，还不能明辨是非。知道吗？”妈妈不无忧虑地说。

“我对博文有信心。他不是爱偷懒的人。”爸爸继续解释。

“不要再说了，反正此事暂时保密，等他大一点再说，睡觉！”妈妈下了最后通牒。

爸爸不再说话。

高博文蹑手蹑脚回到房间。

星期一中午，高博文把前一天晚上在家里无意中听到的话，告诉了钱小蛋和马大壮。两个小伙伴都为高博文感到高兴。

“高博文，你家里居然那么有钱，隐藏得深啊。”钱小蛋取笑道。

“家里有钱，应该开心才对啊，今后你要什么有什么，咋还闷闷不乐呢？”马大壮丈二和尚摸不着头脑。

高博文一脚将脚下的石子踢出 10 米开外，叹口气说：“我不需要什么钱，只是不想爸爸妈妈因为担心我而吵架，知道吗？唉，说了你们也不懂！”

下午第一节课，是班主任毛老师的语文课。但在课堂上，高博文一副魂不守舍的样子，连毛老师点名让他回答问题他都没听到。

下课后，高博文被毛老师叫到了办公室。

在毛老师的追问下，高博文只得把事情的原委说了出来。

“看来，你妈妈和爸爸发生争执，是因为不想让家族的财富传承问题给你带来压力。”毛老师分析说，“有钱是好事，但处理不好，反而容易变成坏事。所以，你妈妈的担心有一定的道理。”

“老师，财富传承是什么意思？”高博文第一次听说这个词汇。

“先给你说说什么叫财富。所谓财富，可以指一切有价值的东西，包括物质财富、精神财富等。不过，其大多数时候专指物质财富，也就是有多少钱。”毛老师解释说，“财富传承，是指企业家或资产所有者通过一定的方式，将自己或家族的财富传给下一代或后几代。”

“为什么有些大人要为钱吵架，甚至打架呢？”高博文追问。

“你的爸爸妈妈只是因为不想影响你的健康成长而发生争吵，而其他大人之所以发生矛盾，是因为涉及利益分配问题。”毛老师进一步说，“一旦利益分配不均，很容易出大乱子。”

高博文挠了挠脑袋，对“利益分配“这个词一窍不通。

“利益分配是指合作各方或团队成员从合作形成的总收入或总利润中分到应得的份额。举个例子，三个人投入相同的钱和时间做生意，赚钱后，如果三人分得的钱一样，那么可能大家相安无事；如果其中一个人分得的钱少于另外两个人，那么他可能会很不高兴，甚至大吵大闹。明白了吗？”毛老师解释说。

“明白了，谢谢老师。”高博文道过谢，回到教室。

星期一，在吃晚饭时，爸爸和妈妈几乎不说话，很显然，两人还在生闷气。高博文决定打破这种沉闷的气氛。

“妈妈，昨天晚上你和爸爸在吵架时说的话，我都听到了。别担心，无论外公和你多有钱，我还是我。”高博文安慰妈妈说，“我希望妈妈永远开心，不要和爸爸吵架。”

“真是我的好儿子。”妈妈把高博文搂在怀里，眼泪不由自主地淌了下来，“你爸爸说得对，可能是妈妈想多了。”

“就是嘛，博文可懂事了。”爸爸转过身，说，“对了，博文，爸爸可要提醒你，对待金钱要理性，不

能有拜金主义思想，更不能炫富，要不然你会没有真正的朋友。”

“拜金主义和炫富都是什么意思呢？”高博文问。

“拜金主义，就是认为金钱可以主宰一切，把追求金钱作为人生最高目标的一种错误观念。”爸爸严肃地说，“炫富就是通过一些方式故意展示或炫耀自己的财富。比如，之前有新

闻说，有人用100元面值的人民币点烟，显得自己有钱，这种行为既违法，又让人反感。”

高博文点了点头。

“拜金主义不符合中华民族勤俭节约优良传统，我们可不能沾染上了。”妈妈说，“钱虽然很重要，但绝对不是万能的，比如亲情、友情，都是钱买不到的。”

“知道了。那勤俭节约是不是代表不花钱啊？”高博文问。

“当然不是！勤俭节约是指工作上勤劳、生活上简朴的一种生活方式，这种方式反对铺张浪费，是中华民族的一个优良传统，正是依靠这个传统，加上顽强拼搏，中国人才能够在短短几十年间，把国家从过去贫穷落后的面貌建设成现在富强的样子。如今，虽然时代变了，但我们仍然要好好继承这个优良传统，可要记住了！”妈妈说。

“嗯，我记住了，妈妈。”高博文大声保证。

妈妈和爸爸露出会心的微笑。

许思红的叫花鸡

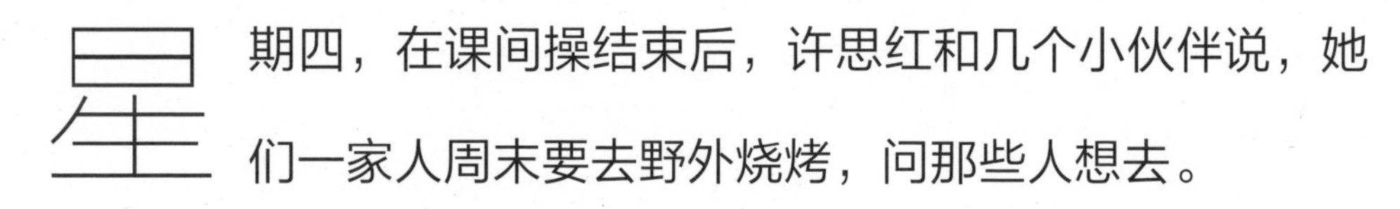

星期四，在课间操结束后，许思红和几个小伙伴说，她们一家人周末要去野外烧烤，问那些人想去。

“哇，我要去。”钱菲菲第一个报名。

“酷！我也想去。不过，得问问我爸，看他周末有没有时间。”马大壮说。

高博文和钱小蛋都想去。

“烧烤的地方在哪里？”钱菲菲不无担心地说，“我们家没有车，

要是远的话，就去不了呢。”

“这个好办，到时坐我爸的车。”许思红大方地说，“听我爸说，好像就在郊区。”

“我最爱吃烤牛排和烤鸡翅了，再配上可乐，那感觉……”钱小蛋一边说一边闭上眼睛，一副陶醉的样子。

“小蛋的口水都流出来了。”高博文笑得肚子疼，几个小伙伴一阵哄笑。

第二天，大家各自问过父母之后，能够参加周末烧烤的只有钱小蛋和钱菲菲，马大壮和高博文的父母都有事无法陪同。

星期六早上 9 点，钱小蛋一家坐上许思红爸爸的七座商务车。一个半小时后，终于到达一个现代化的露天公园。

许爸爸把车停好后，许思红、钱菲菲和钱小蛋迫不及待冲下车。

“好大的公园啊。咦，这边有烧烤台，那边还有儿童游乐设施呢。”许思红像发现了新大陆似的。

“我们先去逛一逛吧？”许妈妈提议，“先熟悉下这里。”

许妈妈的提议得到大家的一致赞同。

“爸爸，这是什么车？和我们坐的车不一样呢。”钱小蛋跑在最前面，旁边几辆长相怪异的车，他是第一次看到。

“这种车叫房车，又称“车轮上的家”，既有房子可以固定居住的功能，又有车可以移动的功能，是一种特殊车型。”钱爸爸解释说，

“房车上的设施有卧室、炉子、冰箱、橱柜、沙发、餐桌、椅子、空调、电视及音响等，这种车可以随意停靠在远离城市的沙滩、湖岸、草地、山坡、森林中，人们还可以在车上做可口的饭菜、洗热水澡、睡舒服的床、看电视、听音乐等，真正做到‘在生活中旅行，在旅行中生活’。”

“那边有个湖，我们去看看。”许思红和钱菲菲手拉着手向前跑去。

“我看见有一些牌子，上边写着露营区、烧烤区、服务区等，露营是什么？这些牌子有啥作用呢？”钱小蛋好奇地问。

“露营是一种休闲活动，也是一种比较流行的短时户外生活方式，通常是露营者携带帐篷，离开城市在野外扎营，度过一个或多个夜晚。”钱爸爸说，“这些牌子主要是起到功能分区的作用。”

钱小蛋停下脚步，问：“功能分区是什么？作用是什么？”

“功能分区是指公园在设计规划时，根据地形、土壤、已经存在的历史景观等条件，因地制宜提前设计不同的功能区。目的是满足不同年龄段的人群游玩和休息的需要。”钱爸爸说，“比如，老年人喜欢安静，需要休息，很多公园会设置休息区，摆上桌子、长凳等设施。”

得到满意的回答后，钱小蛋一溜烟跑去找钱菲菲和许思红玩了。

中午十一点半，大家开始准备做午饭。

许爸爸和钱爸爸负责将车上的食材搬到烧烤区；许妈妈和钱妈妈租了烤炉，买了木炭；钱小蛋负责给木炭扇风，许思红和钱菲菲则负责对烤炉上的食材进行翻转和刷油。

“妈妈，这个公园不收门票，那工作人员的工资谁发呢？”许思红想到一个新问题。

“公园分很多种，不同的公园有不同的经营模式。”许妈妈介绍说，“有的是封闭式公园，要收门票，门票收入就用来给工作人员发工资。而有的公园是开放式的，就要通过其他方式来赚钱给员工发工资了。”

“阿姨，封闭式公园和开放式公园有什么不同呢？”钱菲菲接着问。

“简单来说，封闭式公园就是有围墙，要收费的公园。过去，这种公园比较多，现在很多城市逐步拆除公园围墙，不再收费了。”许妈妈进一步解释说，“开放式公园，意思是没有围墙，向所有人开放的公园，大多由政府出资建造，建成后免费供人使用，由园林绿化部门进行管理。因为不收门票，会吸引大量的游客来玩，游客多了以后，需要有人提供吃喝玩乐的物品和设施，公园管理方就可以向入驻的商家收取一定的场地使用费和管理费，公园有了收入，然后就可以给工作人员发工资了。”

许思红和钱菲菲都点了点头。

“妈妈，我好像忘记了什么？”许思红突然想起自己计划要做一只叫花鸡，为此，她还提前在网上看了制作叫花鸡的视频资料。

“哎呀，差点忘了。”许妈妈回到车上，把已经处理好的一只母鸡拿了过来。

“钱小蛋，你负责挖坑、和泥巴。”许思红像一个厨师长给小伙伴安排工作，“钱菲菲帮忙包荷叶、捆鸡。”

许思红将鸡抹上各种佐料，先用荷叶捆好，再用泥巴包裹，然后放入土坑，把土填平，上面再生一堆大火进行烧烤。

“叫花鸡这个名字好奇怪，是叫花子才能吃吗？”钱小蛋对叫花鸡的来历很疑惑。

几个大人哈哈大笑起来。

许妈妈说：“叫花鸡是江苏的一道传统名菜，做法是把洗干净的鸡，配上佐料，先用荷叶和泥土包好，再用大火烤熟而成，特点是入口酥烂肥嫩，风味独特。还别说，这道菜确实跟叫花子（乞丐）有关呢。相传，很久以前，有一个叫花子沿途讨饭流落到一个村庄。一天，他

偶然得到一只鸡，想把鸡煮熟然后吃掉，但他既没有厨房的工具，也没调料，他只好将鸡杀死后去掉内脏，裹上荷叶，用泥土包好，大火烤熟，然后去掉外面的东西，发现味道很香，叫花鸡就这样叫开了。”

“原来是这样。”三个小伙伴听得入迷。

在不知不觉中，叫花鸡已经熟了。两家人饱餐一顿后，把餐具收拾好，然后开车回城，一个愉快的周末就这样结束了。

这次野外烧烤，最让许思红自豪的是，自己亲手做的叫花鸡受到大家的欢迎。

图书在版编目（CIP）数据

钱小蛋理财记．省钱小帮手 / 姚茂敦著；汪智昊绘．—北京：电子工业出版社，2020.7
（写给青少年的财商课）
ISBN 978-7-121-38846-0

Ⅰ．①钱…　Ⅱ．①姚…　②汪…　Ⅲ．①财务管理—青少年读物　Ⅳ．① TS976.15-49

中国版本图书馆 CIP 数据核字（2020）第 048235 号

责任编辑：刘声峰
印　　刷：北京缤索印刷有限公司
装　　订：北京缤索印刷有限公司
出版发行：电子工业出版社
　　　　　北京市海淀区万寿路 173 信箱　　邮编：100036
开　　本：880×1230　1/16　印张：18　字数：207 千字
版　　次：2020 年 7 月第 1 版
印　　次：2020 年 7 月第 1 次印刷
定　　价：158.00 元（共 4 册）

凡所购买电子工业出版社图书有缺损问题，请向购买书店调换。若书店售缺，请与本社发行部联系，联系及邮购电话：（010）88254888，88258888。

质量投诉请发邮件至 zlts@phei.com.cn，盗版侵权举报请发邮件至 dbqq@phei.com.cn。

本书咨询联系方式：39852583（QQ）。